Ranganatha S

Conceção de supercapacitores electroquímicos de alta potência a partir de hidróxidos metálicos

Ranganatha S

Conceção de supercapacitores electroquímicos de alta potência a partir de hidróxidos metálicos

ScienciaScripts

Cover image: www.ingimage.com

This book is a translation from the original published under ISBN 978-620-6-77522-5.

Publisher:
Sciencia Scripts
is a trademark of
Dodo Books Indian Ocean Ltd. and OmniScriptum S.R.L publishing group

120 High Road, East Finchley, London, N2 9ED, United Kingdom
Str. Armeneasca 28/1, office 1, Chisinau MD-2012, Republic of Moldova, Europe
Managing Directors: Ieva Konstantinova, Victoria Ursu
info@omniscriptum.com

Printed at: see last page
ISBN: 978-620-8-62301-2

Sobre o autor

O Dr. S Ranganatha obteve o seu doutoramento em Química com especialização em Eletroquímica na Universidade de Kuvempu, Índia, em 2013. Atualmente, está afiliado ao Departamento de Química da Universidade da Presidência como Professor Associado. O seu interesse de investigação é a eletroquímica e os supercapacitores electroquímicos, baterias, corrosão, revestimentos de nanocompósitos, etc., em particular. Recebeu também uma bolsa de investigação sénior do Conselho de Investigação Científica e Industrial (CSIR) do Governo da Índia durante a sua investigação de doutoramento. É membro vitalício da Sociedade Eletroquímica da Índia (ECSI), campus do Instituto Indiano de Ciência, Bengaluru, Índia, e da Sociedade para o Avanço da Ciência e Tecnologia Electroquímicas (SAEST), CSIR-CECRI, Karaikudi, Índia.

ÍNDICE DE CONTEÚDO

1. Introdução

Com o progresso social e o crescimento do estilo de vida humano, a necessidade de energia aumenta continuamente. A energia é considerada o problema mais importante que a humanidade enfrenta. A exploração bem sucedida de fontes de energia renováveis mas intermitentes, como a energia eólica e solar, exige um armazenamento fiável e eficiente da energia eléctrica e a comunidade científica está a estudar novos dispositivos de armazenamento de energia, sendo os dispositivos electroquímicos de armazenamento de energia os candidatos mais promissores. As tecnologias de armazenamento eletroquímico de energia incluem as baterias, as pilhas de combustível e os condensadores electroquímicos. Com base nos mecanismos de armazenamento de carga, os condensadores podem ser divididos em dois grupos: condensadores eléctricos de dupla camada (EDLC) e pseudo-capacitores (também conhecidos como supercapacitores redox e faradaicos). Os supercapacitores, com muitas caraterísticas superiores, podem substituir parcial ou totalmente as baterias químicas tradicionais, especialmente em aplicações de alta potência. Por isso, a maioria dos países desenvolvidos não se poupa a esforços para investigar e desenvolver supercapacitores. O Japão, a Rússia, os Estados Unidos e outros países estão a liderar a investigação e a produção de supercondensadores, tendo também criado organizações nacionais de gestão específicas. As propriedades técnicas dos supercondensadores incluem: carregamento rápido: apenas 10 s-10 min são necessários para atingir mais de 95% da sua capacidade nominal, longa vida útil de reciclagem: os tempos de ciclo de carregamento e descarregamento profundo podem atingir 500 000, elevada eficiência de conversão de energia: a eficiência do ciclo de corrente grande é superior a 90%, elevada densidade de potência igual a 5-10 vezes a potência de uma bateria, elevado coeficiente de segurança: pode ser utilizado durante muito tempo com pouca manutenção necessária, boas propriedades criogénicas: funciona bem mesmo a -30 °C, deteção conveniente: a potência restante pode ser lida diretamente. Os supercondensadores são largamente utilizados em aplicações como (1) fonte de alimentação de reserva de baixa corrente; (2) luzes de aviso de energia solar, luz de farol e outros produtos solares em vez de pilhas recarregáveis;

(3) pequenos produtos de carregamento em vez de baterias recarregáveis; (4) pequena potência de acionamento elétrico; (5) fonte de alimentação de arranque para o carro elétrico; (6) produção de energia eólica e turbina eólica offshore. A estrutura básica dos supercapacitores é constituída por colectores de corrente, eléctrodos, um eletrólito e um separador. Como os supercapacitores dependem

principalmente do material ativo do elétrodo para armazenar energia, o desempenho do elétrodo é o fator-chave que afecta a densidade de energia e a densidade de potência. A morfologia da superfície, a distribuição do tamanho dos poros e a condutividade eléctrica dos materiais do elétrodo são os factores importantes que afectam o desempenho do elétrodo. A investigação inicial sobre materiais para condensadores centrou-se nos óxidos de metais nobres , como o RuO_2 e o IrO_2. O RuO_2 é um óxido metálico condutor, com três estados de oxidação acessíveis a 1,4 V, exibindo uma impressionante capacidade específica registada de até 2000 F g^{-1}. O seu custo extremamente elevado e a sua toxicidade limitam as suas aplicações. Por conseguinte, estão a ser estudados ativamente óxidos, hidróxidos, fosforetos e sulfuretos de metais de transição mais baratos e acessíveis. [1-2].

Os materiais de carbono são considerados os materiais mais ideais para os CE devido à sua elevada área de superfície específica, boa condutividade eletrónica, excelente estabilidade química, fácil processamento, baixo custo e ampla gama de temperaturas de funcionamento. Existem diferentes tipos de materiais de carbono, como o carvão ativado (CA), os aerogéis de carbono, os nanotubos de carbono (CNT), as nanofibras de carbono, etc. O CA convencional, com uma capacitância teórica de 100 ~ 300 F g^{-1}, apresenta uma excelente estabilidade de ciclo em vários electrólitos. Recentemente, descobriu-se que as nanofolhas de grafeno, camadas 2D de carbono ligado a sp^2, são um material de elétrodo de carbono ideal para os CE. Com base no mecanismo pseudocapacitivo faradáico de armazenamento de energia, os óxidos/hidróxidos metálicos, como o ruténio, o manganês, o cobalto, o níquel e o vanádio, podem proporcionar uma capacidade específica mais elevada do que os materiais de carbono convencionais e uma melhor estabilidade cíclica do que os materiais poliméricos. Os polímeros condutores apresentam um comportamento de capacitância através do processo faradaico/redox. Quando ocorre a oxidação, os iões deslocam-se para a espinha dorsal do polímero e invertem-se durante a redução. A polianilina (PANI), o politiofeno (PTh) e o polipirrol (PPy) são os polímeros mais utilizados devido ao seu baixo custo, à janela de alta tensão e à elevada taxa de dopagem durante o processo de carga-descarga. Infelizmente, a elevada resistência e a baixa estabilidade restringem a sua aplicação alargada. É importante notar que o inchaço e a contração podem podem ocorrer durante o ciclo, o que acaba por conduz degradação mecânica do elétrodo e à perda de capacidade. O eletrólito desempenha um papel fundamental no comportamento do supercondensador, como a suplementação de iões, a condução de cargas eléctricas e a adesão das partículas do elétrodo. As necessidades de um eletrólito em ES incluem uma ampla janela de tensão, elevada estabilidade eletroquímica, baixa resistividade, baixa toxicidade e muito mais. Os electrólitos aquosos, como KOH, $Na2SO4$, $H2SO4$, têm vantagens como a condutividade iónica elevada, o baixo custo, a não inflamabilidade, a não corrosividade, a segurança e a montagem conveniente no ar, em comparação com os electrólitos orgânicos, que se pensa serem menos condutores, caros, normalmente inflamáveis e tóxicos. No entanto, a janela de potencial de cerca de 1,2 V para os electrólitos aquosos é muito inferior à do eletrólito orgânico, razão pela qual não tem aplicação comercial. A restrição dos electrólitos aquosos é a tensão de funcionamento limitada. Em contrapartida, os electrólitos orgânicos podem fornecer uma tensão de funcionamento elevada até 4 V. O acetonitrilo (AN) e o carbonato de propileno (PC) são os mais comuns. Além disso, sais orgânicos como o tetraetilamónio tetrafluoroborato e o tetraetilfosfónio tetrafluoroborato também têm sido largamente utilizados. No entanto, é necessário ter em conta inconvenientes como a elevada resistência que limita a densidade de potência do condensador e o elevado teor de água que limita a tensão de funcionamento do condensador. A elevada densidade de potência e o desempenho ciclístico dos condensadores preencheram o vazio existente entre os condensadores convencionais e as baterias. Para ultrapassar a densidade energética limitada, a comunidade científica deve concentrar-se em melhorar a capacitância específica e a janela de potencial alargada. A ideia é conceber e sintetizar novos materiais, que devem satisfazer as seguintes condições Boa condutividade para um transporte de carga eficiente, elevada área de superfície específica para mais sítios activos e boa estabilidade mecânica e eletroquímica para um bom desempenho em ciclos e uma distribuição favorável da dimensão dos poros para uma difusão de iões a alta velocidade. Nanocompósitos ou materiais híbridos com combinações de carbono e materiais faradaicos que podem oferecer um efeito sinérgico, facilitando a condução de electrões e protões, aumentando a área de superfície específica, expandindo os sítios activos, induzindo a porosidade, protegendo os materiais activos da degradação mecânica e melhorando a estabilidade do ciclo. Uma outra direção consiste em conceber um novo eletrólito com elevada atividade eletroquímica e reversibilidade, contribuindo para uma pseudocapacitância adicional e para o problema da estabilidade eletroquímica do sistema de eléctrodos compósitos. Devem ser envidados esforços no sentido de alargar a gama de potencial de trabalho, desenvolvendo e adaptando condensadores assimétricos que possam utilizar as diferentes janelas de potencial dos dois eléctrodos para aumentar a tensão de funcionamento no sistema celular. Os supercondensadores de estado sólido (SSC) evoluíram e chamaram a atenção devido à sua estabilidade, leveza e facilidade de manuseamento, mas sofrem de uma fraca capacidade de débito devido à taxa limitada de difusão de iões em electrólitos de estado sólido e à grande resistência do material do elétrodo. Os supercapacitores assimétricos com eletrólito redox podem ser considerados como um novo supercapacitor híbrido que combina dois tipos de processos, a capacitância de camada dupla ou pseudocapacitância faradaica dos materiais do elétrodo e a pseudocapacitância faradaica do eletrólito [3-6].

Os investigadores estão a concentrar-se em aumentar o armazenamento de energia em termos de capacitância, janela de tensão de trabalho e tempo de vida, baixando simultaneamente o preço deste tipo de condensadores. Do ponto de vista dos materiais activos, tendo em conta a baixa capacitância do carbono, os óxidos e hidróxidos metálicos estão a ser alvo de maior atenção devido à contribuição das reacções redox para a capacitância adicional. Além disso, é necessário afinar parâmetros como o eletrólito, a estrutura material ativo e a área de superfície para obter uma capacitância apreciável [3-8]. A investigação sobre materiais porosos hierarquicamente organizados registou um progresso extraordinário nas últimas décadas e o campo continua evoluir rapidamente. Consequentemente, foram feitos grandes progressos no desenvolvimento de procedimentos sintéticos que orientam os materiais porosos que apresentam dimensões de poros interligados em várias escalas de comprimento, desde molecular (< 2 nm), passando por nano (2-100 nm) até macroscópico (4100 nm). Os poros mais pequenos, com menos de 2 nm, são normalmente designados por microporos, os poros com dimensões entre 2 e 50 nm por mesoporos e os poros com mais de 50 nm por macroporos. Estas arquitecturas porosas multinível oferecem propriedades únicas aos materiais, dependendo da combinação das dimensões dos poros, por exemplo, os microporos e mesoporos conferem elevadas áreas de superfície e volumes de poros, proporcionando seletividade de tamanho e forma e grandes áreas interfaciais, enquanto os poros maiores (450 nm) diminuem as limitações de transporte no material e proporcionam o transporte de massa para os sítios activos. Já foram documentadas diferentes abordagens sintéticas para a síntese de materiais micro-macroporosos, micro-mesoporosos, meso-macroporosos ou micro-meso-macroporosos para aplicações nos domínios do armazenamento de energia, catálise, sorção, separação e conversão, deteção e biomedicina, ou seja, diagnósticos ou terapias médicas. A aplicação de um material é selectiva não só em função das dimensões e da distribuição das dimensões dos poros, mas também das caraterísticas estruturais, como a quantidade total de poros, a acessibilidade dos poros, a tortuosidade e a interconectividade, os gradientes, etc., e, sobretudo, a composição química. Um material altamente poroso pode oferecer contrapressões mais baixas, uma permeabilidade mais elevada e um melhor desempenho em sistemas catalíticos ou de separação de fluxo. As técnicas de auto-montagem controladas de cima para baixo e de baixo para cima que proporcionam um elevado nível de controlo estrutural são consideradas as abordagens mais viáveis para a conceção de materiais porosos hierarquicamente organizados. Em particular, o processo sol-gel é um método para produzir um material sólido (o gel) a partir de precursores moleculares através da formação de partículas coloidais (o sol). As reacções de condensação de precursores hidrolisáveis, por exemplo, alcóxidos metálicos ou semimetálicos, mas também sais, induzidas pela adição controlada de água, representam as etapas-chave na síntese de materiais monolíticos. A rede evolui através da nucleação e crescimento de partículas de sol de tamanho nanométrico, bem como da sua agregação. Uma grande variedade de parâmetros, nomeadamente, a escolha do precursor, a sua concentração, o valor do pH, a temperatura, o solvente, etc., podem ser ajustados para adaptar deliberadamente a morfologia final da rede, a química da rede e a estrutura dos poros [1-8].

Entre os óxidos metálicos, o RuO2 apresenta uma capacidade mais elevada e um comportamento capacitivo ideal. Mas o seu elevado custo e a sua natureza cancerígena restringem a sua aplicação comercial [9]. Assim sendo, o $Co(OH)_2$, um importante material de elétrodo com um custo inferior, tornou-se cada vez mais popular para aplicações em supercapacitores [3, 10-12]. Os sais básicos de cobalto, com a fórmula geral $Co(OH)_{2-n}(A^{n-})$ (A: Cl^-, NO^{3-}, SO_4^{2-} etc.), têm sido extensivamente estudados nos últimos anos devido às suas importantes propriedades eléctricas, magnéticas e catalíticas dos óxidos metálicos formados após a sua decomposição térmica [13-18]. No entanto, os seus estudos electroquímicos são escassos. Os cloretos de hidroxilo de cobalto ($Co_2(OH)_3Cl$) foram estudados pela primeira vez quanto ao seu desempenho eletroquímico por Park et al. [13] Os procedimentos sintéticos foram ajustados de modo a obter microesferas com material anódico de elevado desempenho para baterias de iões de lítio (LIB). Mais tarde, este material foi hibridizado com grafeno e demonstrou ser um material anódico LIB de longa duração [19]. Zhang et al. [20] doparam recentemente o Mn com $Co_2(OH)_3Cl$ e relataram as suas caraterísticas electroquímicas melhoradas.

No presente estudo, o $Co_2(OH)_3Cl$ é investigado pela primeira vez como material de elétrodo de supercondensador, tanto quanto é do nosso conhecimento. O método Sol-gel de um passo relatado anteriormente é adotado com algumas modificações para sintetizar xerogéis de $Co_2(OH)_3Cl$ [1]. O efeito do aquecimento sobre a natureza química, a microestrutura, a morfologia, a área de superfície e o comportamento eletroquímico de todas as amostras aquecidas é estudado com sucesso. Observa-se que o $Co_2(OH)_3Cl$ em , tal como preparado, apresenta um desempenho eletroquímico superior, mostrando uma capacidade específica (SC) de 450 F/g a 2 A/g e 145 F/g a uma densidade de corrente mais elevada de 25 A/g. Curiosamente, apresenta uma retenção de capacidade de 92% após 500 ciclos e de 75% após 1000 ciclos a 25 A/g, o que confirma a sua fiabilidade como material promissor para eléctrodos de supercapacitores.

2. Métodos e materiais

2.1. Síntese de $Co_2(OH)_3Cl$

Todos os produtos químicos eram de grau analítico e foram utilizados tal como foram obtidos. O $CoCl_2 \cdot 6H_2O$ e o brometo de cetiltrimetilamónio (CTAB) foram adquiridos à SD Fine Chemicals. O fluoreto de polivinilideno (PVDF) e a n-metilpirrolidona (NMP) foram adquiridos à Sigma Aldrich. Foi utilizada água bidestilada em todas as experiências.

O procedimento para a preparação de $Co_2(OH)_3Cl$ foi seguido da literatura [20]. Em resumo, 3 g de $CoCl_2 \cdot 6H_2O$ foram dissolvidos numa solução de 20 mL de água bidestilada e etanol (1:1 em volume) por agitação mecânica contínua. Foram adicionados 50 mg de CTAB à solução acima referida. Posteriormente, adicionou-se gota a gota 8,9 mL de óxido de propileno e agitou-se durante 2 h. Deixou-se repousar à temperatura ambiente durante 4 h para formar um gel. Para remover os subprodutos da estrutura de poros do gel húmido, este foi lavado com álcool etílico três vezes e subsequentemente seco a 353 K durante 12 h num forno de ar quente. As amostras foram aquecidas a 200 ºC e 400 ºC durante 3 horas numa mufla sob atmosfera de ar. As amostras preparadas, aquecidas a 200 ºC e 400 ºC são referidas como CAP, C200 e C400, respetivamente.

Mecanismo de formação do gel

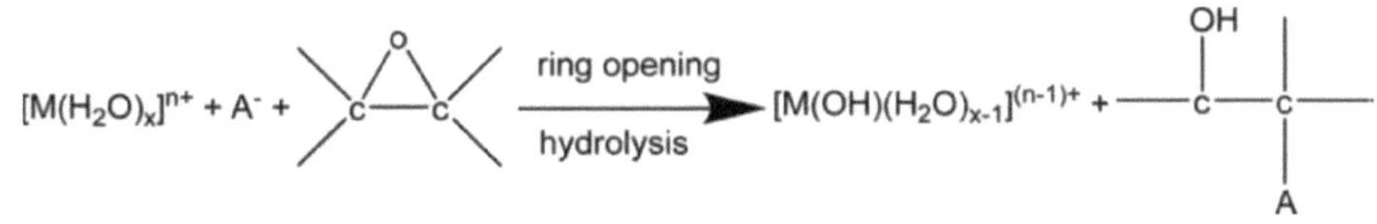

Em que M representa de níquel ou de cobalto, A^- representa iões Cl^- ou NO_3^- .

2.2. Métodos de caraterizaçã

Os padrões de difração de raios X em pó (XRD) foram registados utilizando o difratómetro PANylatical com radiação incidente Cu Kα (comprimento de onda = 1,5438 Å) como fonte. A área de superfície específica foi medida utilizando o analisador de área de superfície Quantachrome Nova-1000 por adsorção a 77 K com N_2 líquido. Os espectros de fotoelectrões de raios X (XPS) foram recolhidos no espetrómetro de fotoelectrões de raios X AXIS ULTRA. As imagens de microscopia das amostras foram registadas utilizando o microscópio eletrónico de transmissão (TEM) FEI Tecnai T-20 200 kV e o microscópio eletrónico de varrimento (SEM) FEI Co. equipado com um sistema EDAX a uma tensão de aceleração de 10 kV. A análise termogravimétrica (TGA) do pó de $Co_2(OH)_3Cl$ foi efectuada com um

Perkin Elmer (Pyris Diamond) a uma taxa de aquecimento de 20 ºC/min.

2.3. Preparação de eléctrodos e caraterização eletroquímica

Os eléctrodos foram fabricados numa folha de aço inoxidável (SS) de elevada pureza como coletor de corrente. O pré-tratamento da SS envolveu a abrasão utilizando vários graus de papel de esmeril e a lavagem completa com detergente, água e secagem a 60 ºC na estufa.

Para o fabrico de eléctrodos num sistema de elétrodo único, misturaram-se num almofariz $Co_2(OH)_3Cl$ (70 % em peso), carbono condutor (preto de Ketjen, 15 % em peso) e fluoreto de polivinilidina (15 % em peso). Foram adicionadas algumas gotas de N-metilpirrolidona para formar uma pasta. Esta pasta foi revestida nas folhas de aço inoxidável preparadas com uma área geométrica de 1 cm^2 e seca a 100 ºC sob pressão reduzida. Os passos de revestimento e secagem foram repetidos até se obter uma massa de material ativo de 0,5 - 0,6 mg/cm^2. Os eléctrodos foram finalmente secos durante 12 h. A célula eletroquímica foi montada utilizando eléctrodos de SS, Pt e calomelano (SCE) revestidos de $Co_2(OH)_3Cl$ como eléctrodos de trabalho, contador e referência, respetivamente, num recipiente de vidro. Para estudos de célula completa, os materiais foram revestidos em duas folhas de aço SS de 1 cm^2 de área e foi utilizado um tapete de vidro absorvente como separador, que foi previamente embebido no eletrólito. Todo o sistema foi selado e estudado quanto à sua eletroquímica. Para o condensador assimétrico, o carbono ativado YZC China foi utilizado como um dos materiais dos eléctrodos.

Todos os valores de potencial registados são relativos à referência SCE. A voltametria cíclica (CV) e o ciclo de carga/descarga galvanostática foram medidos pelo potencióstato/galvanóstato multicanal Biologic SA modelo VMP3. As medições espectroscópicas de impedância eletroquímica (EIS) foram efectuadas utilizando o Electrochemical Analyzer modelo CHI608C na gama de 0,01 Hz a 100 kHz com uma perturbação de corrente alternada de 5mV. Foram realizados ensaios de carga/descarga galvanostática entre -0,2 V e 0,45 V e a descarga SC foi calculada utilizando a relação $SC = I\,t/(\Delta E\,m)$ em que I é a corrente, t o tempo de descarga, ΔE a janela de potencial (0,65 V) e m a massa do material ativo no elétrodo de trabalho. A eficiência coulombiana foi calculada utilizando a relação $\eta = t_D/t_C$ (100%) em que t_C e t_D são os tempos de carga e descarga com a mesma corrente, respetivamente.

3. Discussão

Na síntese do $Co_2(OH)_3Cl$, utilizámos o $CoCl_2.6H_2O$ como fonte de cobalto, o óxido de propileno como agente de gelificação e o surfactante CTAB para desaglomerar as partículas. No mecanismo de gelificação, o óxido de propileno actua como um absorvente ácido (para reagir com os protões provenientes da hidrólise dos complexos aquosos de cobalto) através da protonação do oxigénio do epóxido e da subsequente abertura do anel pelo nucleófilo, a base conjugada aniónica. Foi dado tempo suficiente para o gel repousar à temperatura ambiente durante 4 h. Foi utilizado etanol como líquido de lavagem para assegurar a remoção de impurezas das estruturas dos poros do gel [21].

Material preparado O hidroxicloreto de cobalto $Co_2(OH)_3Cl$ é uma solução sólida de $Co(OH)_2$ e $CoCl_2$. O $Co_2(OH)_3Cl$ tem uma estrutura hexagonal do tipo pirocloro com constantes de célula unitária *a=6*,84 Å e *c=14*,50 Å, compreendendo um empacotamento fechado de $(OH)_3Cl$, no qual o Co^{2+} ocupa os sítios octaédricos. A fórmula $Co_2(OH)3Cl$ foi estabelecida pela primeira vez por Feitkneeht [22] para os cloretos de hidroxilo de cobalto de cor lavanda. A estratégia consiste em sintetizar racionalmente eléctrodos de $Co_2(OH)_3Cl$ nanoestruturados de grande área superficial com uma estrutura porosa para atenuar as alterações de volume e as tensões, proporcionando uma grande área para a difusão de iões electrolíticos com uma via de difusão mais curta.

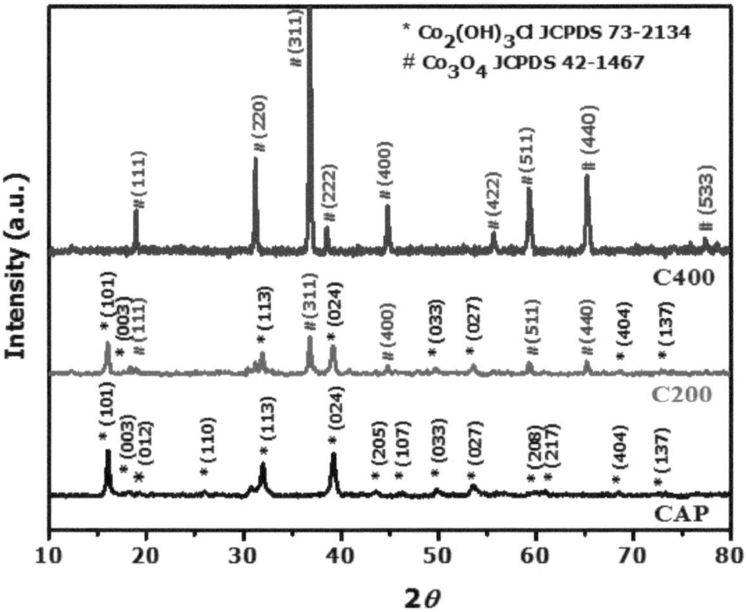

Fig. 1 Padrões de XRD do CAP, C200 e C400.

A Fig. 1 mostra padrões de XRD das amostras nas condições **de preparação e de aquecimento** a 200 ºC e 400 ºC. O padrão de XRD para o CAP confirma a estrutura romboédrica do $Co_2(OH)_3Cl$ pela presença dos principais picos de difração a 2θ valores 16º, 32º e 39.2º correspondentes às fases (101), (113) e (024) respetivamente (ficheiro JCPDS No. 73-2134) [20]. Os padrões para CAP e C200 são quase idênticos, indicando a sua natureza amorfa, com exceção de algumas difracções correspondentes às fases (111), (311), (400), (511) e (440) a

2θ valores 19º, 36.8º, 44.8º, 59.3º e 65.2º respetivamente, o que defende a conversão parcial em Co_3O_4. Além disso, o C400 apresenta picos de difração acentuados que indicam a formação de Co_3O_4 exclusivamente cristalino (ficheiro JCPDS n.º 42-1467) [23].

Fig. 2 Imagens SEM de CAP, C200 e C400.

Capacidade da o elétrodo material é muito sensível ao sua área de superfície/porosidade. As imagens de microscopia eletrónica de varrimento mostram a morfologia do material sintetizado e o efeito do aquecimento na sua estrutura. A imagem da Fig. 2 mostra uma arquitetura típica de um esqueleto poroso interligado de $Co_2(OH)_3Cl$ no estado em que foi preparado. O aquecimento da amostra a 200 ºC não alterou muito a sua natureza amorfa. No entanto, a imagem correspondente a C400 mostra a transformação da estrutura altamente cristalina do composto quando aquecido a 400 ºC. Nesta condição, as partículas cresceram com tamanhos de cristalitos maiores com diminuição simultânea da porosidade. As imagens TEM, a difração de electrões de área selecionada (SAED) e os padrões EDX das amostras são apresentados na Fig. 3. As imagens mostram caraterísticas de uma estrutura interligada com nanopartículas ligadas entre si, formando uma arquitetura típica de esqueleto de gel [20]. As imagens ajudam a distinguir nanoestruturas cúbicas interligadas no CAP e no C200 e cristalitos piramidais quadrados no C400. A microestrutura dos materiais é ainda examinada por TEM de alta resolução (HRTEM) e padrões SAED. No caso do CAP e do C200, o SAED mostra caraterísticas de padrão difuso que indicam uma natureza amorfa (inserções na Fig. 3(b) e 3(e). No entanto, o C400 apresenta círculos bem definidos que inferem a sua natureza cristalina, o que também é observado nas imagens TEM e SEM na Fig. 3(g) e Fig. 2. As franjas de rede observadas na Fig. 3(b) com uma distância entre si de 0,52 nm correspondem ao plano (101) do $Co_2(OH)_3Cl$. Além disso, 0,23 nm em C200 corresponde ao plano (024) do mesmo composto (Fig. 3(e)). Curiosamente, uma franja de rede bem ordenada com um espaçamento de 0,46 nm pode ser eficientemente atribuída ao espaçamento d do plano (111) do Co_3O_4 (Fig. 3(h)) [24]. Para obter informações sobre a composição química do material preparado, foram obtidos dados EDX do espetrómetro EDX ligado ao instrumento TEM. O resultado da análise apresentado na Fig. 3(c), (f) e (i) prova a presença de Cobalto, Oxigénio e Cloro em CAP & C200 e apenas Cobalto e Oxigénio em C400. Este facto confirma ainda a transformação completa de $Co_2(OH)_3Cl$ em Co_3O_4 a 400 ºC.

A curva de termogravimetria para os pós medidos em atmosfera de ar exibiu duas grandes perdas de peso distintas abaixo de 1000 ºC e a reação que ocorre com cada diminuição de peso é descrita na Fig. 4 e resumida da seguinte forma: a primeira perda de peso ocorre abaixo de 500 ºC e é composta por duas reacções, nomeadamente a oxidação de $Co_2(OH)_3Cl$ para formar $CoCl_2$, Co3O4 e H_2O e a decomposição de $CoCl_2$ em Co_3O_4 [13]. Isto está de acordo com o resultado XRD do C400 que prova a formação de Co3O4 após aquecimento a 400 ºC. A perda de peso final ocorre a cerca de 900 ºC devido à redução de Co_3O_4 em CoO.

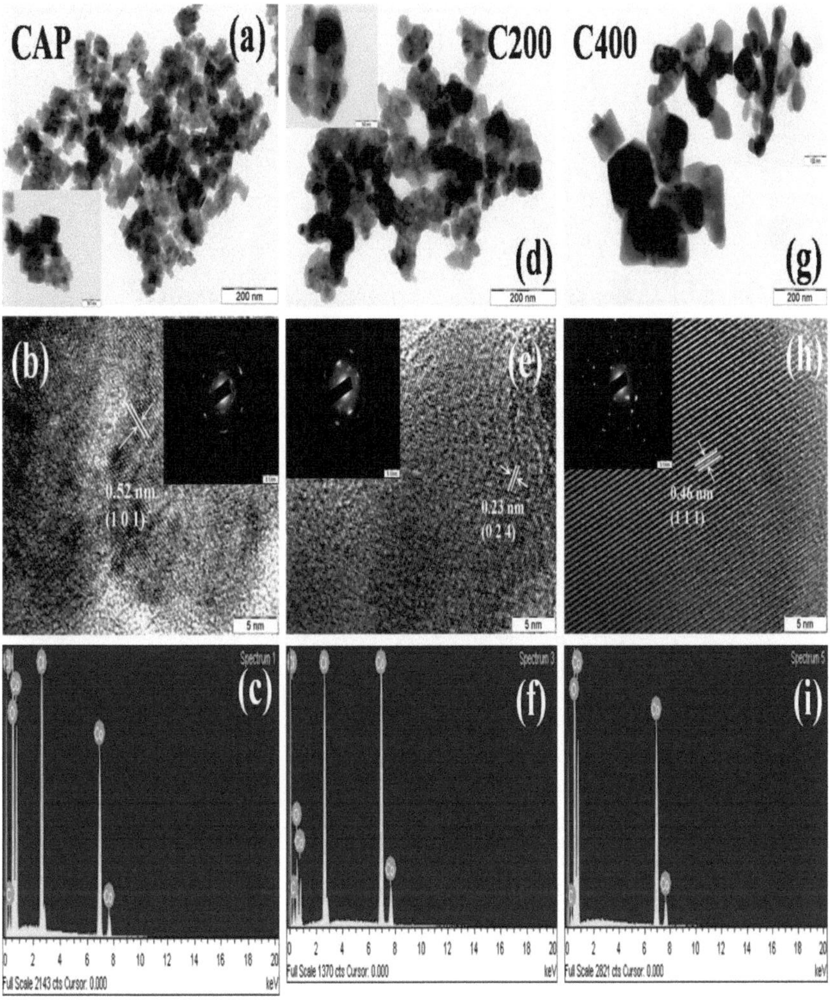

Fig. 3 Imagens TEM com HRTEM, SAED e espetro EDAX para CAP (a - c), C200 (d - f) e C400 (g - i).

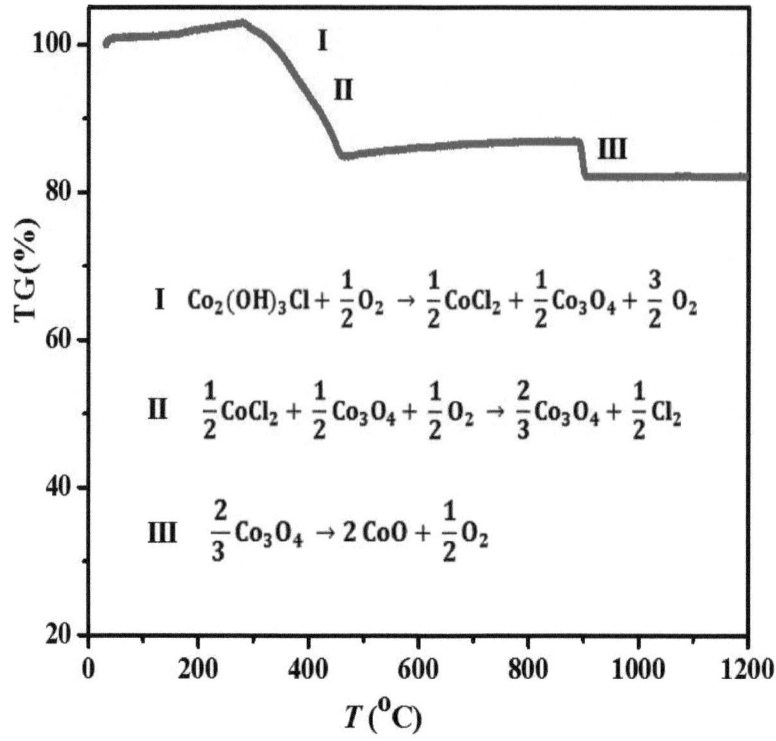

Fig. 4 Análise de termogravimetria do CAP.

Foram efectuadas medições de XPS para determinar a composição química e o estado eletrónico do $Co_2(OH)_3Cl$ nas condições em que foi preparado. O espetro do CAP é apresentado na Fig. 5(a), indicando a presença de C, O, Co e Cl. O pico C é atribuído ao carbono residual da amostra e ao hidrocarboneto adventício do próprio instrumento XPS. A Fig. 5(b) mostra o espetro de Co 2p que consiste na divisão spin-órbita em componentes $_{2p1/2}$ e $_{2p3/2}$. A diferença de energia entre os picos da divisão Co $_{2p1/2}$ e $_{2p3/2}$ é de aproximadamente 15 eV. Os picos principais a 780,2 e 797 eV, correspondentes aos picos caraterísticos de Co $_{2p3/2}$ e $_{2p1/2}$, respetivamente, demonstram a presença de Co^{2+}. A energia de ligação de 530 eV para o O 1s (Fig. 5c) pode ser principalmente derivada da combinação do grupo hidroxilo (O-H) com uma energia de ligação de~ 531 eV. Os dois picos diferentes na Fig. 5(d) podem ser associados ao Cl 2p no grupo $(OH)_3Cl$. Este facto vem juntar-se às conclusões retiradas das análises XRD, SAED e EDAX para provar a formação de $Co_2(OH)_3Cl$ [19-20].

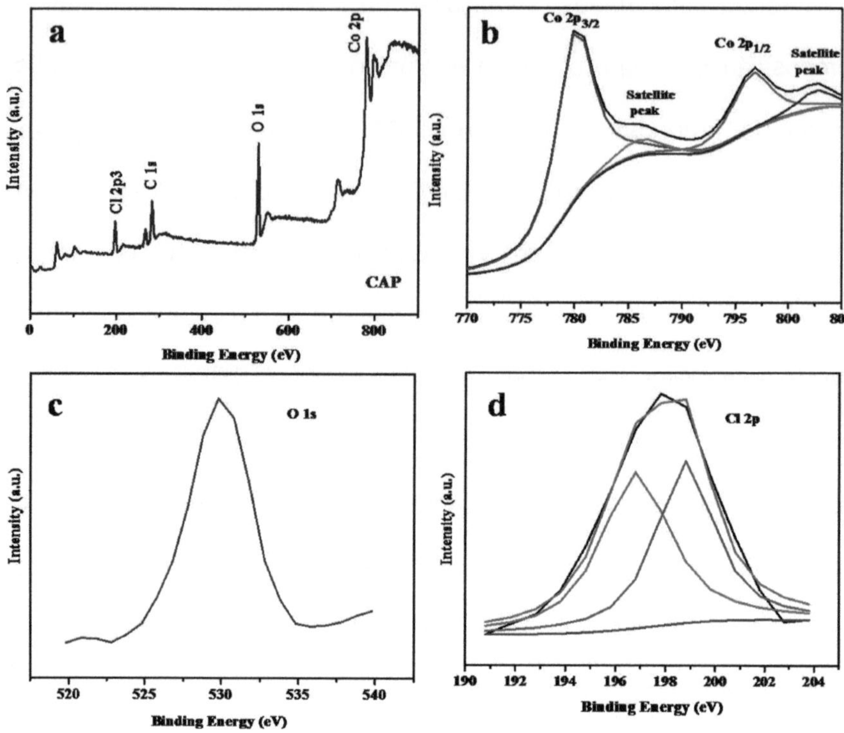

Fig. 5 Análise XPS mostrando o espetro largo de CAP (a), espectros ajustados de Co 2p

(b) O1s (c) e Cl 2p (d).

Para avaliar a área de superfície e a natureza porosa do composto preparado, foram registadas isotérmicas de adsorção-dessorção de N2 (Fig. 6). A área de superfície específica foi calculada utilizando o método Brunauer-Emmett-Teller (BET) a partir do ramo de adsorção das isotérmicas no intervalo p/p^0 de 0,1 - 0,2. Os ramos de adsorção e dessorção exibem um loop a alta pressão relativa, indicando a natureza porosa dos materiais. No caso do CAP, a quantidade de N2 adsorvido a p/p^0 = 0,99 é de cerca de 50 $cm^3\ g^{-1}$, o que é considerado elevado. Este parâmetro diminui gradualmente à medida que a temperatura de preparação da amostra aumenta. É de cerca de 40 $cm^3\ g^{-1}$ no caso do C200 e muito baixo no caso do C400. As curvas BJH fornecem a distribuição do tamanho dos poros. É interessante observar a área de superfície BET das amostras. O CAP tem o valor mais elevado de

23,6 $m^2\ g^{-1}$ com distribuição dominante do tamanho dos poros a 3 nm, enquanto a C200 possui 21,2 $m^2\ g^{-1}$ com distribuição do tamanho dos poros a 3,2 nm. Além disso, o volume dos poros diminui de 0,005 $cm^3\ g^{-1}\ nm^{-1}$ para 0,002 $cm^3\ g^{-1}$ da amostra CAP para a C200. Curiosamente, a amostra C400 apresenta uma área de superfície muito baixa, ou seja, 2,6 $m^2\ g^{-1}$, sem distribuição do tamanho dos poros. Os estudos morfológicos do material reflectem a natureza amorfa do material preparado. A medição da adsorção/dessorção BET das amostras mostra uma diminuição da área de superfície e do volume dos poros com o aumento da temperatura de calcinação, uma vez que o tratamento térmico resulta no crescimento de cristais, o que ajuda a aumentar a cristalinidade. Como a área de superfície e a porosidade influenciam diretamente a capacidade, é interessante estudar o efeito do tratamento térmico na sua estrutura, morfologia, área de superfície, porosidade e desempenho eletroquímico.

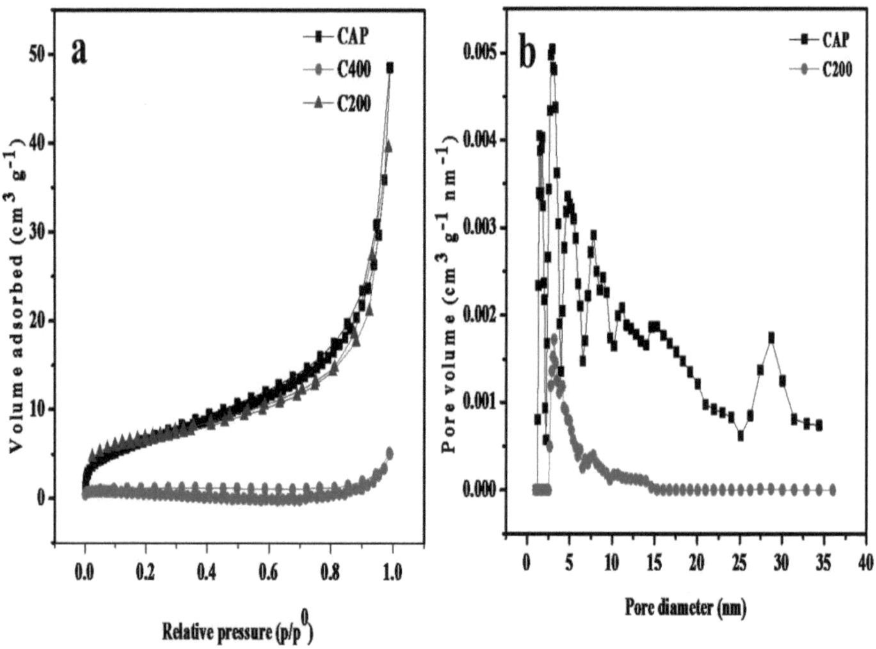

Fig. 6 (a) Isotérmicas de adsorção-dessorção de N2 e (b) curvas de distribuição da dimensão dos poros BJH das amostras.

Até à data, as investigações electroquímicas do $Co_2(OH)_3Cl$ foram relatadas em meios não aquosos. Aqui, relatamos a sua eletroquímica em meio 3M KOH. A Fig. 7(a) mostra os CVs dos eléctrodos de $Co_2(OH)_3Cl$ na gama de potencial -0,2 a 0,45V a 10mV/s. A Fig. 7(b) apresenta os CV do CAP a diferentes velocidades de varrimento (5 - 100 mV/s). Em todas as curvas podem ser observados picos de corrente acentuados correspondentes à reação redox Faradaica, o que indica a natureza pseudocapacitiva dos materiais de eléctrodos à base de óxido/hidróxido de metais de transição. Isto contrasta com as curvas do EDLC, que normalmente apresentam uma forma retangular. Podemos observar a diminuição dos valores de corrente nos voltamogramas à medida que a temperatura de preparação aumenta, o que indica a falta de atividade eletroquímica devido à formação de Co_3O_4 cristalino. Também o aumento da corrente com o aumento das taxas de varrimento estabelece a dependência das correntes com a taxa de varrimento, revelando bons desempenhos a altas taxas. Os iões de cobalto podem ter estados de oxidação estáveis variáveis e, por sua vez, contribuir para a capacitância faradaica. Relatórios recentes do laboratório de Manickam [25-26], relacionados com materiais à base de cobalto para estudos de condensadores, relataram claramente picos redox que são atribuídos às reacções reversíveis de Co^{2+}/Co^{3+} e Co^{3+}/Co^{4+}. Os CV relacionados com o hidroxicloreto de cobalto apresentam três picos redox na gama de potencial estudada. Estes picos redox estão relacionados com os pares redox descritos nas reacções <1>, <2> e <3> para O1↔R1, O2↔R2 e O3↔R3 respetivamente [10] e o mesmo mecanismo é proposto para o hidroxicloreto de cobalto.

$Co(OH)_2 + OH^- \rightleftharpoons CoOOH + H_2O + e^-$ <1>

$CoOOH + OH^- \rightleftharpoons CoO_2 + H_2O + e^-$ <2>

$Co3O4 + 4OH(-) \rightleftharpoons 3CoO2 + 2H2O + e^-$ <3>

Os CVs mostram uma excelente reversibilidade dos processos correspondentes do elétrodo. A CV correspondente ao $Co2(OH)_3Cl$ na condição de preparado possui uma área integrada maior em comparação com as dos compostos aquecidos a 200 ºC e 400 ºC, reflectindo uma maior capacitância para as mesmas taxas de varrimento.

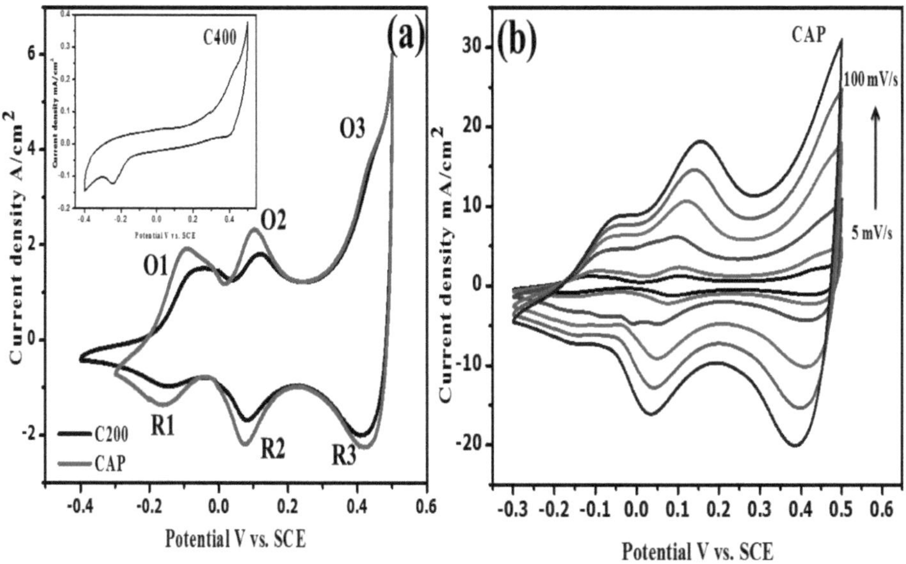
(a)
C400
Current density mA/cm^2
Potential V vs. SCE
O1
O2
O3
R1
R2
R3
C200
CAP
Current density A/cm^2
Potential V vs. SCE
(b)
CAP
100 mV/s
5 mV/s
Current density mA/cm^2
Potential V vs. SCE

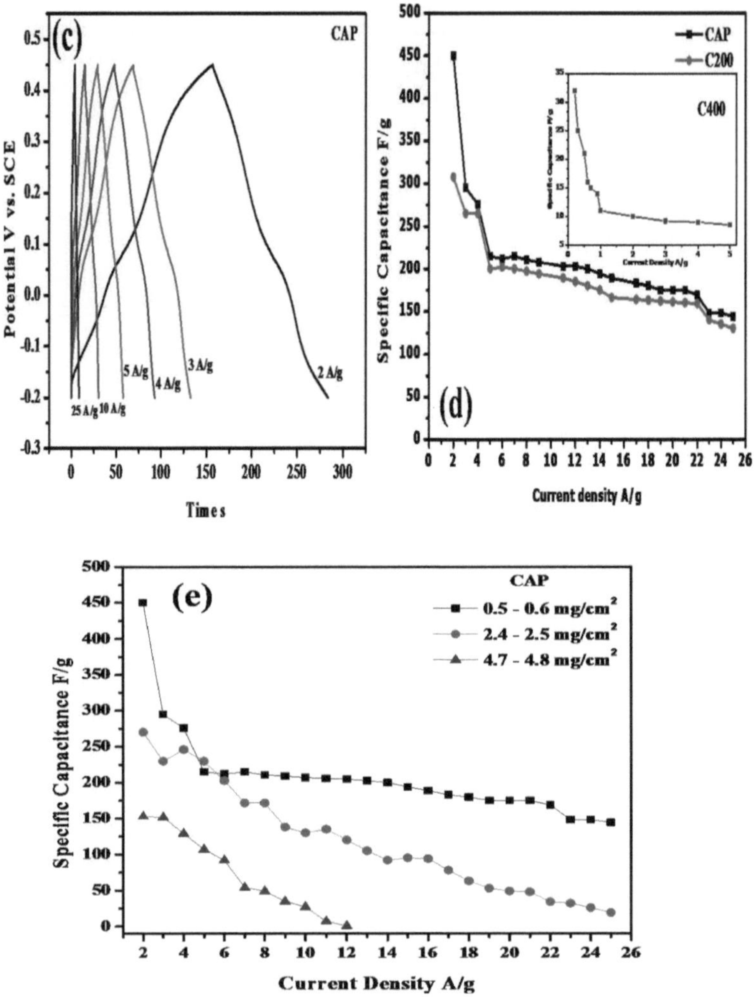

Fig. 7 (a) Voltamogramas cíclicos a 10 mV/s, (b) CVs para CAP em função das taxas de varrimento, (c) Curvas de carga/descarga para o CAP em diferentes densidades de corrente,

(d) SC em função das densidades de corrente, (e) Capacitâncias específicas em função dos níveis de carga do CAP.

As curvas galvanostáticas de carga/descarga para o CAP registadas a diferentes densidades de corrente são apresentadas na Fig. 7(c). A natureza das curvas de carga/descarga com platôs de descarga semelhantes está de acordo com as suas curvas CV e corresponde às reacções redox que ocorrem durante os processos de carga/descarga. Os SCs foram calculados e são apresentados na Fig. 7(d). O material apresenta um muito elevado de 450 F/g a uma densidade de corrente de 2 A/g. O material apresenta um valor apreciável de CS de 145 F/g mesmo a uma densidade de corrente elevada de 25 A/g, o que é muito significativo. Este desempenho do CAP é comparado com sucesso com os do C200 e do C400. O C200 apresenta um SC de 308 F/g a 2 A/g. Mas o desempenho do C400 foi considerado muito fraco, apresentando 32 F/g a uma densidade de corrente muito baixa, ou seja, 0,2 A/g.

Não existe literatura disponível sobre o desempenho eletroquímico do $Co_2(OH)_3Cl$ como material de elétrodo de supercondensador e os resultados relatados podem ser comparados com o material $Co(OH)_2$, uma vez que os processos faradaicos que ocorrem durante os processos de carga/descarga são semelhantes. Por exemplo, Du et al., [27] relataram a conceção de microesferas de

$Co(OH)_2$ que mostram um SC de 150 F/g a 2 A/g em meio de KOH 6 M. O seu compósito de grafeno apresenta 420 F/g. Wang et al., relatam 400 F/g a 2 A/g em 2 M KOH para $Co(OH)_2$ do tipo floral sintetizado através da adoção do método de precipitação [28]. Além disso, o $Co(OH)_2$ poroso preparado por uma via química apresenta 416 F/g a 1 A/g em 1 M KOH [29]. Muito recentemente, Huang et al. sintetizaram flores altamente porosas como o $Co(OH)_2$ e os seus compósitos de grafeno para encontrar a sua aplicação como eléctrodos de supercapacitores em 6M KOH. O $Co(OH)_2$ preparado (área de superfície 39,1 m^2/g) apresentou um SC de 150 F/g e o seu compósito de grafeno (área de superfície 97,9 m^2/g) 480 F/g a 1 A/g [30]. Assim, um valor SC de

450 F/g a 2A/g e 145 F/g a 25 A/g é um desempenho significativo do material $Co_2(OH)_3Cl$ na condição de preparado em 3M KOH. Uma capacidade elevada a uma densidade de corrente elevada de 25 A/g indica a sua elevada capacidade de potência no estado preparado. O desempenho eletroquímico superior do CAP pode ser atribuído às reacções redox faradaicas bem definidas <1>, <2> e <3> que envolvem a interação entre o hidróxido metálico e os iões OH^- do eletrólito. Além disso, a natureza mesoporosa com elevada área de superfície associada a um elevado volume de poros contribui para um elevado

SC, o que facilita a fácil penetração dos iões do eletrólito, reduzindo significativamente o comprimento do caminho de difusão. Com o aumento da temperatura de preparação, o $Co_2(OH)_3Cl$ transformou-se em Co_3O_4, como comprovado pelas análises EDAX, XRD e HRTEM. A temperatura mais elevada transforma notavelmente o composto em Co_3O_4, mas também a morfologia altamente cristalina com uma diminuição óbvia da área de superfície. Isto diminui a atividade eletroquímica a alta temperatura com um declínio significativo no SC.

A Fig. 7(e) mostra o efeito do nível de carga do material ativo no SC a diferentes densidades de corrente. O material ativo foi carregado em diferentes quantidades, como 0,5 - 0,6 mg/cm^2, 2,4 - 2,5 mg/cm^2 e 8 mg/cm^2. Observa-se que, com o aumento da massa do material ativo, o CS diminui. O CS máximo foi obtido com uma carga de massa de 0,5 - 0,6 mg/cm^2. O CS diminui em 40% quando o nível de carga aumenta 5 vezes e cerca de 65% do CS foi perdido quando a carga foi aumentada 15 vezes. Isto deve-se à diminuição da utilização do material ativo [31].

É sabido que a estabilidade eletroquímica e a eficiência coulombiana são também os principais requisitos da avaliação dos eléctrodos dos supercapacitores para aplicações práticas. Além disso, os dispositivos ideais de armazenamento de energia devem ser capazes de fornecer a mesma energia em quaisquer condições de funcionamento. Por conseguinte, é vital estudar a retenção da capacidade específica e a eficiência coulombiana a uma densidade de corrente mais elevada. A Fig. 8 ilustra a estabilidade do elétrodo e a eficiência Coulombiana dos eléctrodos CAP e C200 registados durante 1000 ciclos contínuos a uma densidade de corrente elevada de 25 A/g. A eficiência Coulombiana do CAP diminui ligeiramente no início, passando do valor 154 F/g para 130 F/g e 106 F/g no final de 500 e 1000 ciclos, respetivamente. Enquanto que o C200 atinge 112 F/g no ^{500º} ciclo e 94 F/g no ^{1000º} ciclo. Assim, a retenção de capacidade no caso do CAP é de cerca de 92% após 500 ciclos e diminui para 75% após 1000 ciclos. Também é de 90% e 76% para o elétrodo C200. O C400 apresenta uma capacidade baixa de cerca de 11 F/g no primeiro ciclo e diminui para 8,5 F/g após cinco ciclos. Estes estudos de ciclo de vida defendem uma excelente estabilidade de ciclo e um elevado grau de reversibilidade em ciclos repetitivos de carga/descarga. A excelente retenção de capacidade do material CAP pode ser fortemente atribuída ao facto de o $Co_2(OH)_3Cl$ possuir uma área de superfície elevada e à utilização do material do elétrodo para reacções redox faradaicas com iões do eletrólito. A eficiência coulombiana pode ser calculada a partir da experiência de carga/descarga galvanostática e é apresentada tanto para o CAP como para o C200 a 25 A/g. Os valores dos eléctrodos mantiveram-se próximos de 100% sem grandes flutuações, o que indica que há menos desperdício de energia durante o processo de carga/descarga.

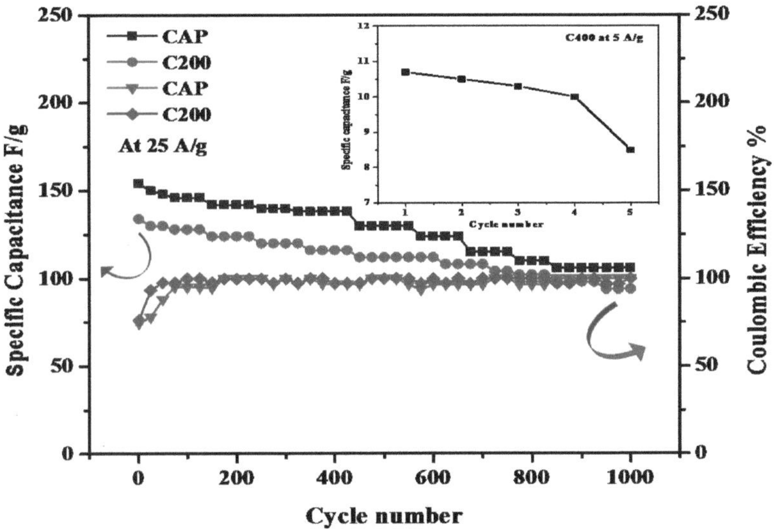

Fig. 8 Capacitância específica média e eficiência coulombiana em função do número de ciclos de carga-descarga galvanostática a uma densidade de corrente constante de 25 A/g para o CAP (na imagem: C400 e a 5 A/g para o C400).

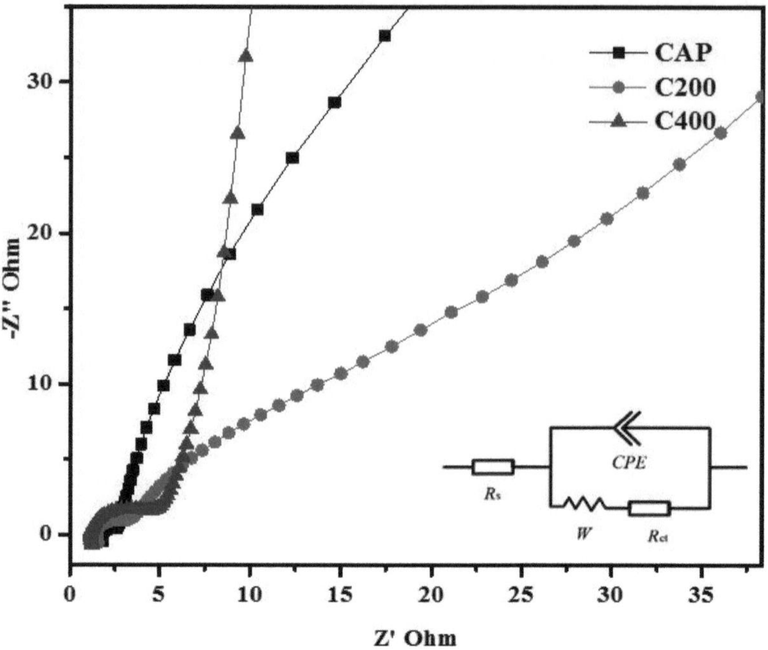

Fig. 9 Gráfico de Nyquist dos eléctrodos de $Co_2(OH)_3Cl$ (inserção: circuito eletroquímico equivalente)

O estudo da impedância eletroquímica foi utilizado para avaliar o comportamento eletroquímico dos eléctrodos. A Fig. 9 mostra os gráficos de Nyquist $Co_2(OH)_3Cl$ em diferentes condições de aquecimento. Os espectros de impedância possuem um semi-círculo na região de alta frequência e uma cauda na região de baixa frequência. O circuito equivalente é apresentado na Fig. 9. O ponto de intersecção com o eixo da impedância real é a resistência da solução (R_s), que inclui a medição da resistência óhmica do eletrólito, a resistência intrínseca do material do elétrodo e a resistência de contacto da interface entre o material do elétrodo e o coletor de corrente. O semicírculo na região de alta frequência representa a resistência à transferência de carga (R_{ct}), que ocorre na superfície do elétrodo e do eletrólito durante uma reação eletroquímica. A linha reta seguida de um semicírculo é a impedância de Warburg (Z_w), que representa a cinética do processo de difusão dos iões do eletrólito que ocorre nos eléctrodos. Os valores de R_s dos eléctrodos CAP, C200 e C400 são 0,6Ω , 0,71Ω e

0,86Ω , respetivamente. O diâmetro do semicírculo representa a resistência à transferência de carga R_{ct}. O tamanho do semicírculo aumenta à medida que a temperatura de preparação aumenta, indicando um aumento da R_{ct}. Os valores *de* R_{ct} para CAP, C200 e C400 são 2,0, 3,5 e 5,0Ω respetivamente. O R_{ct} mais elevado para os processos de transferência de carga no caso do C400 pode dever-se à transformação estrutural do $Co_2(OH)_3Cl$ amorfo em Co_3O_4 cristalino, com uma diminuição simultânea da condutividade eletrónica. O elemento de fase constante (CPE) é utilizado em vez do condensador no caso dos dados EIS com dispersão de frequência que ocorre devido a reacções electroquímicas superficiais na gama de alta frequência (semicírculo deprimido) e significa a natureza não homogénea dos eléctrodos. O

CPE é dado por *CPE= 1/ Q (i ω)*^{n}. O CPE é um condensador com capacidade Q para n=1 e uma resistência com Q^{-1} para n=0. Neste caso, o CPE, que é equivalente a um condensador de dupla camada, apresenta os valores 3,4× 10^{-3} F, 1,8× 10^{-3} F e 4,7× 10^{-5} F com uma potência CPE 'n' de 0,93,

0,85 e 0,81 para CAP, C200 e C400, respetivamente. Além disso, as caudas de baixa frequência no caso do CAP e do C200 são significativamente diferentes das do C400. A cauda correspondente ao C400 é quase paralela ao eixo imaginário, ou seja, 90º em relação ao eixo real, o que reflecte que a maior contribuição para o mecanismo de armazenamento de carga é o EDLC. Em contraste, CAP e C200 mostram picos com <90º em relação ao eixo real, sugerindo o tipo de comportamento pseudocapacitivo [32-33]. A natureza eletroquímica do $Co_2(OH)_3Cl$ abaixo dos 200º C de aquecimento, a estrutura cristalina e a elevada área superficial podem ser responsáveis por esta pronunciada natureza pseudocapacitiva a baixas temperaturas.

A Figura 10 apresenta o voltamograma cíclico para o hidroxicloreto de cobalto (CAP) como condensador simétrico e assimétrico. Em ambos os casos, os voltamogramas mostram uma boa reversibilidade, conforme ilustrado nas Fig. 10a e 10b. O condensador assimétrico apresenta (10 c) uma área integrada relativamente maior, o que sugere uma maior atividade eletroquímica na capacitância de rotação à mesma velocidade de varrimento. As Fig. 11a e 11b apresentam ciclos de carga/descarga galvanostática a diferentes correntes específicas. Os SCs calculados para estas células são apresentados na Fig. 11c. O condensador assimétrico apresenta uma capacidade superior de 49 F/g a 2 A/g, em contraste com o condensador simétrico com uma densidade de corrente de 32 F/g. O desempenho do condensador assimétrico a uma corrente específica elevada de 25 A/g é muito bom, o que revela uma capacidade de 25 F/g. Este elevado desempenho é atribuível à contribuição do material faradaico hidroxicloreto de cobalto e do carvão ativado para a capacitância.

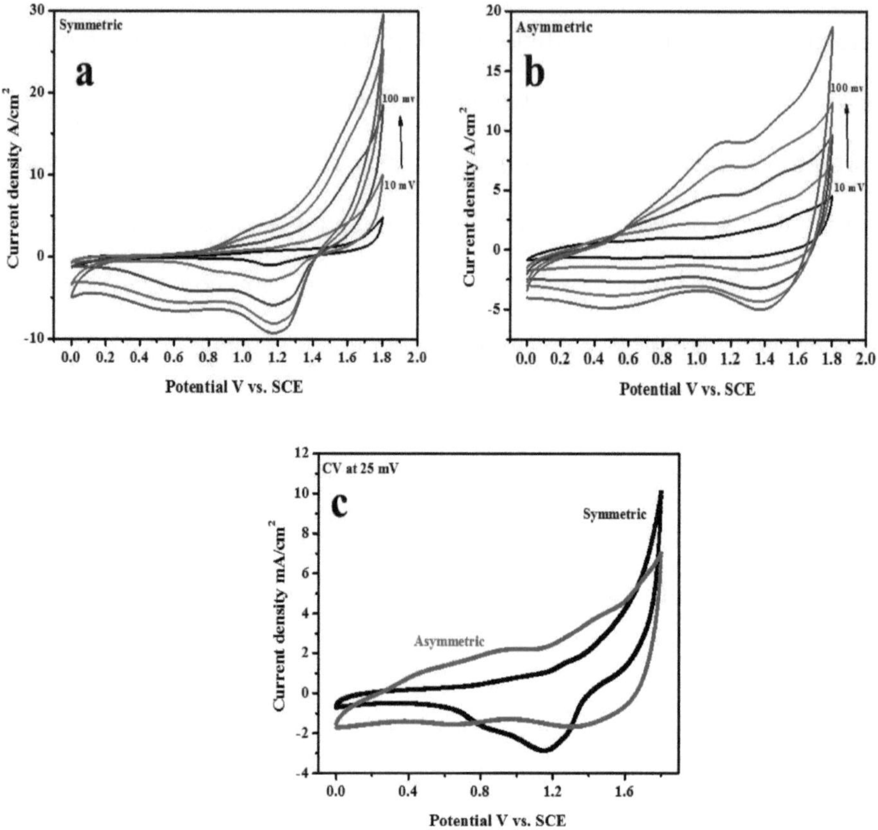

Fig. 10 Voltamogramas cíclicos do hidroxicloreto de cobalto (CAP) para (a) condensador simétrico, (b) condensador assimétrico e (c) ambos com uma velocidade de varrimento de 25 mV.

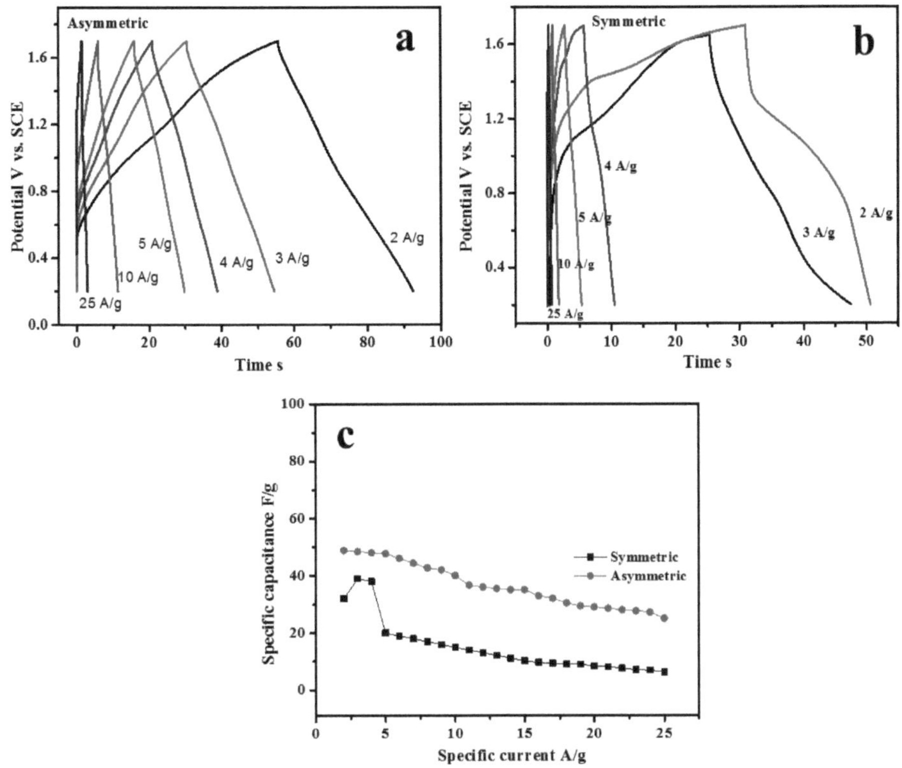

Fig. 11 Curvas galvanostáticas de carga/descarga do hidroxicloreto de cobalto (CAP) a diferentes correntes específicas para (a) condensador assimétrico, (b) condensador simétrico e (c) valores de capacitância específica a diferentes correntes específicas.

4. Observações

Sintetizámos com sucesso xerogel nanoestruturado de $Co_2(OH)_3Cl$ como um novo material de elétrodo para supercapacitores electroquímicos através de uma rota simples de sol-gel. O composto concebido apresentou uma arquitetura caraterística de rede porosa interligada. O material preparado apresenta uma capacitância específica consideravelmente elevada de 450 F/g a 2 A/g e 92% de retenção de capacidade após 500 ciclos de carga/descarga. Curiosamente, em célula completa, como condensador assimétrico, apresentou 49 F/g e como condensador simétrico 32 F/g a 2 A/g. Estas novas e únicas estruturas tridimensionais interligadas de xerogel, que possuem uma porosidade homogénea com uma área de superfície significativa, podem conduzir a vias de difusão de iões e cargas relativamente mais curtas e a taxas de transporte elevadas. Como consequência, as medições electroquímicas inferem que o $Co_2(OH)3Cl$ sintetizado apresenta capacitâncias específicas superiores e uma boa estabilidade de ciclo.

5. Referências

1 Conway B E (1999) Kluwer Academic/ Plenum Publishers New York

2 Arico A S, Bruce P G, Scrosati B, Tarascon J M, Schalkwijk W V (2005) Nanostructured materials for advanced energy conversion and storage devices, Nat. Mater 4:366- 377

3 Simon P, Gogotsi Y (2008) Nat Mater 7:845-854

4 Hall P J, Mirzaeian M, Fletcher S I, Sillars F B, Rennie A J R, Shitta G O B, Wilson G, Cruden A, Carter R (2010) Energy Environ Sci 3:1238-1251

5 Wang G, Zhang L, Zhang J (2012) Chem. Soc. Rev 41:797-827

6 Hou J, Shao Y, Ellis W M, Obert B, Moore, Baolian Yi (2011) Phys Chem Chem Phys 13:15384-15402

7 S. Patil, Raut S, Gore R, Sankapal B (2015) New J Chem 39:9124-9131

8 Ma X, Zhang W, Kong L, Luo Y e Kang L (2015) New J Chem 39:6207- 6215

9 Hu C C, Chang K H, Lin M C, Wu Y T (2006) Nano Lett 6:2690-2695

10 Chou S, Wang J, Liu H, Dou S (2008) J Electrochem Soc 12:A926-A929

11 Xu H, Zhang C, Zhou W, Li G (2015) Nanoscale 7:16932-16942.

12 Xie H, Tang S, Gong Z, Vongehr S, Fang F, Li M, Meng X (2014) RSC Adv 4:61753-61758

13 Park G D, Ko Y N, Kang Y C (2014) Sci Rep 4:5785
14 Park G D, Lee J, Kang Y C (2015) Carbon 84:14-23

15 G-Martinez O, Millan P, Rojas R. M, Torralvo M. J (1988) J Mater Sci 23:1334-1350.

16 Zheng X, Kawae T, Yamada H, Nishiyama K , Xu C Phys Rev Lett (2006), 97:274204

17 Zheng M. G, Hagihala M, Fujihala M, Kawae T J Phys Conf Ser (2009) 145:012034

18 Hu Z A (2009) J Phys Chem C 113:12502-12508.

19 Ma J, Yuan T, He Y-S, Wang J, Zhang W, Yang D, Liao X-Z, Ma Z-F (2014) J Mater Chem A 2:16925-16930

20 Zhang Z, Yin L (2015) J Mater Chem A 3:17659- 17668

21 Cui H T, Zayat M e Levy D (1990) *J Sol-Gel Sci Techno* 35:175-181

22 Oswald H R, Feitknecht W(1964) 47:272-289

23 Xia X.-H, Tu J-P, Zhang Y-Q, Mai Y-J, Wang X-L, Gu C-D, Zhao X-B (2012) RSC Adv 2:1835-1841

24 Xia X-H, Tu J-P, Mai Y-J, Wang X-L, Gu C-D, Zhao X-B (2011) J Mater Chem 21:9319-9325

25 Ramya R, Manickam M S (2016) New J Chem 40: 2863-2877.

26 Ramya R, Manickam M S (2015) Dalton Trans 44: 6158-6168.
27 Du G, Liu P, Yang X, Zhang J, Wang X, Sun X (2015) RSC Adv 5:38324- 38329

28 Wang R, Yan X, Lang J, Zheng Z, Zhang P (2014) J Mater Chem *A* 2:12724-12732

29 Mondal C, Ganguly M, Manna P K, Yusuf S M, Pal T (2013) Langmuir 29:9179-9187.

30 Huang Q, Wang J, Liu F, Chang X, Chen H, Lin H, Han S, (2016) RSC Adv 6:16745-16750

31 Devaraj S, Munichandraiah N (2005) Electrochem Solid St 8 (7):A373-A377

32 Shivakumara S, Penki T R, Munichandraiah N (2014) Mater Lett 131:100- 103

33 Shivakumara S, Penki T R, Munichandraiah N (2014) J Solid State Electrochem 18:1057-1066

MIX
Papier aus verantwortungsvollen Quellen
Paper from responsible sources
FSC® C105338

Printed by Books on Demand GmbH, Norderstedt / Germany